Olaf Dierich/Fred Dembny
Gefahren durch Meerestiere!

Olaf Dierich, geboren 1968 in Memmingen. Seit frühster Kindheit begeisteter Taucher. Allerdings wurde sein Wunsch mit Gerät zu tauchen erst viel später wahr, und 1994 machte er den Divemaster. Schon während seines Studiums der Humanmedizin veröffentlichte er die Kapitel „Tauchphysiologie und –medizin" im Taucherhandbuch aus dem ecomed Verlag. Die ersten Jahre seiner ärztlichen Tätigkeit verbrachte er in der Tauch- und Überdruckmedizin. Zur Zeit ist er Weiterbildungsassistent im Bereich der Notfallmedizin in Australien..

Fred Dembny, Jahrgang 1956, erwarb 1974 (vor seinem ersten Tauchgerät) eine erste Unterwasserkamera, die „Nikonos II", die ihn bei zwei Atlantiküberquerungen auf der „Gorch Fock" begleitete. Foto-Reisen, oft über Monate, Tauch- und Diplom-Sportlehrer in Köln, später Redakteur und Segeltrainer in Hamburg. 1991 Gründung von „Text & Photo" mit Stationen in Hamburg, auf Puerto Rico sowie in Flensburg und seit 1997 in Bremen. Fred Dembny schreibt und fotografiert für Agenturen, Wassersport- und Reisemagazine, ist an Buchproduktionen beteiligt und verwaltet ein Text- und Diaarchiv mit über 110tausend selbstproduzierten Aufnahmen. Seit 2003 arbeitet Fred Dembny mit Andi Streber/Allstills zusammen.

Olaf Dierich/Fred Dembny

Gefahren durch Meerestiere!

Erkennen - Schützen - Helfen
Sicherheit an Strand und Meer
für Wasserfans und Wassersportler!

Bibliographische Information Der Deutschen Bibliothek Die Deutsche Bibliothek verzeichnet diese Publikation in der Deutschen Nationalbibliographie; detaillierte bibliografische Daten sind im Internet über <http://dnb.ddb.de> abrufbar

ISBN 3-833-41592-4

Text & Photo – Bd. 2
© by: Text & Photo/Fred Dembny www.dembny.de
Textrechte bei den Autoren Olaf Dierich/Fred Dembny

Alle Bildrechte liegen bei:
Text & Photo/Fred Dembny
Thomas Gutmann, Seite 22
Michael Moxter, Seiten 38/39

Umschlag- und Innenlayouts: Allstills/Andi Streber
www.allstills.de

Bezug Original-Dias zum Thema dieses Buchs:
www.dembny.de

Bezug/Downloads sämtlicher Bilder aus diesem Buch:
www.allstills.de

Buch nach neuer Deutscher Rechtschreibung;
Lektorat: Marion Penningbernd

Herstellung und Verlag:
Books on Demand GmbH, Norderstedt
www.bod.de

Inhaltsverzeichnis

Einleitung 7
Niedere Meerestiere 8
- Quallen 8
- Borstenwürmer, Ringelwürmer, Seeanemonen Schwämme und Seegurken 13
- Korallen 16
- Kegelschnecken 17
- „Mördermuscheln" 19
- Blauring-Oktopus 21
- Seeigel 24

Fische 25
- Giftfische 25
- Drückerfische 32
- Rochen 33

Seeschlangen 37
Raubfische 40
- Haie 40
- Muränen 43
- Barrakudas 43

Krokodile/Alligatoren 45
Verzehr von Meerestieren 47
- Muscheln 47
- Igel-, Kugel-, Kofferfische 50
- Fisch- und Fleischvergiftungen 50

Maßnahmen bei 53
- Nesselgiftkontakt 53
- Giftfischverletzungen 54
- Ciguatera 55
- Bissverletzungen 56
- Symptome bei Muschelvergiftung 57
- Symptome bei Vergiftung nach Fischverzehr 58

Wichtige Notfallnummern 59

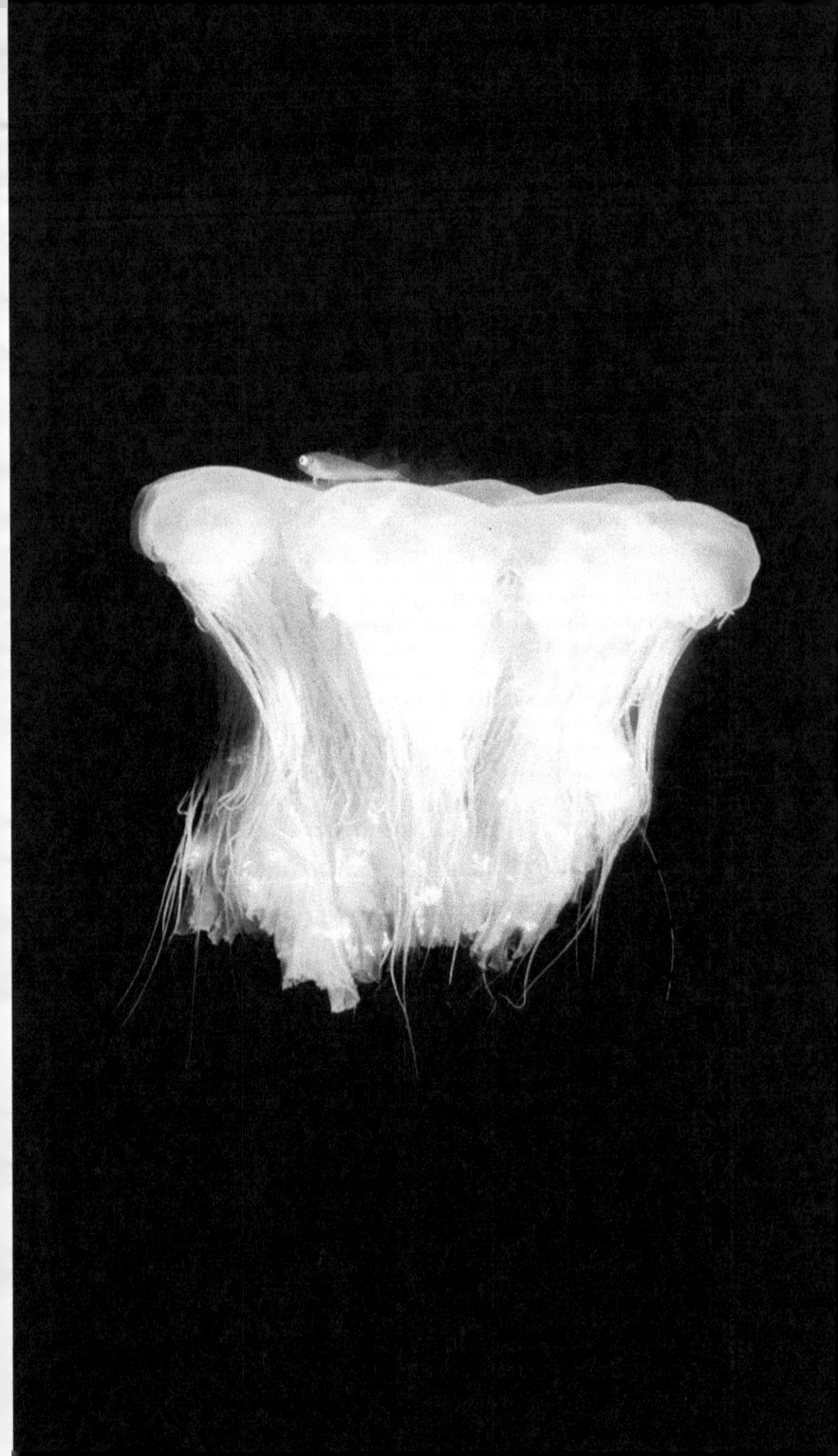

Einleitung

Durch Evolution entstanden viele verschiedene Lebensformen. Überlebensaspekte waren und sind für alle Verteidigung und Ernährung. Verteidigung erfolgt passiv durch Tarnung oder aktiv durch Verteidigung: Manche Tiere entwickelten dabei zur Feindabwehr Gifte, wurden so als Beute unattraktiv. Einige Tiere haben zur Verteidigung Stacheln, die Gifte enthalten. Andere speichern im Körper selbst Gift und sind bei Verzehr ungenießbar. Somit sind sie gut geschützt, denn viele Tiere des Meeres sind Raubtiere, die vor allem kranke, schwache Tiere oder Aas als Nahrung bevorzugen. Die Natur wird durch solche Mechanismen gereinigt und es ist gewährleistet, dass "starkes und gesundes" Erbgut fortbesteht.

Am Nahrungskettenende stehen große Räuber wie Haie, Barrakudas und wir Menschen. Einige Meerestiere können auch dem Menschen durch Gifte oder durch Bissverletzungen, selbst durch elektrischen Strom, Schaden zufügen. Meist aber ist es Unachtsamkeit des Menschen selbst, die ihn in eine missliche Lage bringt: So greift z. B. ein Badender, Schnorchler oder Taucher unabsichtlich in einen giftigen Fisch oder er provoziert aktiv, auch passiv, Meeresbewohner zu aggressivem Verhalten. Doch selbst wenn wir uns im Wasser umsichtig verhalten, kann es zu Verletzungen und Vergiftungen durch Meereslebewesen kommen.

Dieses Buch wird Ihnen helfen, wichtigen Meerestieren richtig zu begegnen, mögliche Gefahren leichter zu erkennen und sich und anderen bei Zwischenfällen zu helfen. Ein Anspruch auf Vollständigkeit wird dabei nicht erhoben. So gibt es allein über 22.000 Fischarten, von denen sich mehr als alle in diesem Buch aufgeführten Lebewesen zu wehren wissen. Wir haben uns auf Meeresbewohner beschränkt, deren Begegnungen im, am oder unter Wasser, von wenigen Ausnahmen abgesehen, relativ häufig sind. Der wichtigste Tipp für Wasserfans ist einfach: Nichts angreifen!

Wir wünschen Ihnen viel Spaß bei allen Entdeckungen in der faszinierenden Meereswelt!

Olaf Dierich und Fred Dembny

Niedere Meerestiere

Quallen

Quallen bestehen zu 99% aus Wasser und kommen in nahezu allen Meeren der Welt vor. Ihr gehäuftes Auftreten ist meist abhängig von den Jahreszeiten. Durch Meeresströmungen und Nährstoffangebote bedingt, ist der Lebensraum der Quallen hauptsächlich auf küstennahe Bereiche eingeschränkt. Teilweise legen sie während ihrer Entwicklung auch große Strecken im offenen Meer zurück.

Unterhalb des Schirmes befinden sich, mehr oder weniger ausgeprägt, die Tentakeln. Während die Berührung des Schirmes ungefährlich ist, kann ein Kontakt mit den Tentakeln schwerwiegende Folgen haben.

Die Tentakel enthalten Kapseln mit Nesselgift, die zu ihrem Schutz und zum Beutefang dienen. Die Tentakel können zum Teil auch sehr lang werden. An den Fangarmen befinden sich einzelne Zellformationen, die das Nesselgift produzieren und in kleinen Bläschen speichern.

Feuerquallen (Nordsee, Norwegen) erreichen bis 2m Schirmdurchmesser und können über 20m lange Tentakel haben.

Name:	**Seewespe**
Bezeichnung:	Chironex fleckeri
Synonyme:	Würfelqualle, box jellyfish, seawesp
Größe:	bis 20cm, bis 3m lange Tentakeln
Verbreitung:	Nord-Ost-Küste Australiens, meist November bis April
Gift:	Nesselgift mit Wirkung auf rote Blutkörperchen und Zellen
Vergiftung:	starke Reaktion der Haut, starke Beeinträchtigung des Herz-Kreislaufsystems, Atemnot

In dieser Zellformation befindet sich ein Dorn, der spiralig zusammengezogen ist und unterer Spannung steht. Bei Kontakt wird ein Mechanismus ausgelöst, bei dem das Nesselgift regelrecht herauskatapultiert wird.

Die Berührung einer harmlosen Qualle ist oft schon unangenehm genug. Meist handelt es sich nur um eine lokal begrenzte, schmerzhafte Reaktion der Haut. Hierbei zeigt sich ein rötlich-violetter, fadenförmiger Hautausschlag. Bei einigen Quallen ist die Reaktion jedoch heftiger. Zu den Symptomen der Haut (Brennen, Bläschen, Quaddeln) kommen noch weitere körperliche Erscheinungen wie Fieber, Mattigkeit, Unruhe, Kopfschmerz, Atembeschwerden, Magen-Darm-Beschwerden und Herz–Kreislaufstörungen. Bei entsprechender Veranlagung kann eine Allergie gegen Nesselgifte entwickelt werden. Nach einer Allergisierung kann es auch zu einem anaphylaktischen Schock kommen. Sämtliche Auswirkungen auf den Menschen mit Quallenkontakt können auch bei der Berührung mit toten Tieren vorkommen.

Die wohl giftigste Qualle ist die **Seewespe** (Chironex fleckeri, box jellyfish). Ihr kleiner Körper von ca. 20cm hat bis zu 3m lange Tentakeln. Sie tritt in der warmen Saison an den Küsten vor Australien und vor allem im ufernahen Bereich auf. Im Great Barrier Reef, meistens in den Gebieten zum offenen Meer hin, findet man sie selten. Nicht nur das gehäufte Auftreten,

Name:	**Portugiesische Galeere**
Bezeichnung:	Physalia physalis
Synonym:	Staatsqualle
Größe:	bis 50cm lange Gasblase mit bis zu 50m langen Tentakeln
Verbreitung:	Tropen, Subtropen, meist Atlantik, Pazifik, Hochsee
Gift:	Nesselgift
Vergiftung:	starke Reaktion der Haut, starke Beeinträchtigung des Herz-Kreislaufsystems, allergische Reaktionen

sondern auch ihre Giftigkeit nehmen in der warmen Saison zu. Zu dieser Zeit sollte das offene Wasser gemieden werden, da ein Kontakt mit ihr häufig tödlich endet.

Die Symptome entstehen innerhalb von Sekunden. Zu den meisten Todesfällen kommt es innerhalb der ersten 10 Minuten, infolge von Herz-Kreislauf (anfangs Herzrasen, dann Übergang zu einem sehr langsamen Herzschlag) - und Atemstörungen. Besonders gefährdet sind Menschen mit einer vorbestehenden Herz-Kreislaufschwäche und Lungenbeschwerden. Bei Kontakt entstehen kleine, rot - braune Punkte, und das gesamte betroffene Gebiet schwillt schnell an. Der starke Schmerz hält

Name:	**Schirmqualle, Feuerqualle**
Bezeichnung:	Scyphzoa
Synonym:	Gelbe Haarqualle
Größe:	Schirmdurchmesser bis 2m, mit über 10m langen Tentakeln
Verbreitung:	Nord- und Ostsee, Atlantik, Pazifik, kühle Meeresgebiete
Gift:	Nesselgift
Vergiftung:	hauptsächlich starke Reaktionen der Haut, allergische Reaktionen

4-12 Stunden an. Wenn der Patient überlebt, kommt es nach ca. 7-10 Tagen zu tiefen Wunden und Gewebszerstörungen. Die Heilung dieser Wunden braucht mehrere Monate.

Weitere gefährliche Quallenarten sind die **Portugiesische Galeere** und die **Feuerqualle:** Die Portugiesische Galeere trifft man im Atlantik und Pazifik an. Einzelnen Fangarme können bis zu 50 Meter lang werden. Die Feuerqualle ist in der Nord- und Ostsee und im Mittelmeer beheimatet. Sie kann enorme Ausmaße annehmen. Die Feuerqualle kann einen Durchmesser von über zwei Meter erreichen. Bei Kontakt mit ihren Tentakeln zeigt sich ein fadenförmiger Ausschlag. Von dem betroffenen Areal entwickeln sich Schmerzen und eine Gewebsschwellung, die sich in Richtung Rumpf ausbreitet.

Die allergische Reaktion ist prinzipiell bei allen, auch harmlosen Quallen gegeben (siehe Maßnahmen bei Nesselgiftkontakt). Das heißt, dass die sonst recht harmlosen Ohrenquallen bei einem Menschen einen schweren Schock auslösen können. Manche Stoffe neigen eher dazu, dass solche Kreuzallergien auftreten. Gerade die Gifte der gefährlicheren Quallen besitzen dazu die Neigung. Bei stark giftigen Quallen potenzieren sich zudem die direkte Wirkung des Giftes und die der allergischen Reaktion. Beide bewirken einen starken Blutdruckabfall und somit einen Zusammenbruch des Kreislaufsystems. Es

---

Symptome bei Nesselgiftkontakt (vier Schweregrade)

0: lokal begrenzte Reaktion der Haut (Rötung, Quaddelbildung, Schwellung)

I: Allgemeinsymptome (Schwindel, Angst, Kopfschmerz, etc.) und Hautreaktion (Juckreiz etc.)

II: zusätzlich zu I noch Blutdruckabfall, Herzrasen, leichte Atemnot und Magen-Darm-Beschwerden

III: zusätzlich zu II noch extreme Verengung der Atemwege (Asthma), Schock, seltener Kehlkopfödem (Larynxödem)

IV: Atem- und Kreislaufstillstand

kommt zu Herzrasen. Zu einer allergischen Reaktion benötigt man eine entsprechende Veranlagung gegenüber Allergien. Um gegen eine Substanz allergisch zu werden, braucht man zuvor mindestens einmaligen Kontakt, um entsprechende Abwehrstoffe (Antikörper) zu bilden, die bei einer Allergie auftreten. Manchmal gibt es auch sogenannte Kreuzallergien, wobei bei einer Substanz eine allergische Reaktion auftritt, ohne je zuvor mit dieser in Kontakt gekommen zu sein. Das liegt daran, dass manche Stoffe sich dermaßen in ihrer molekularen Struktur ähneln, dass die Antikörper auch gegen diesen Stoff gerichtet sind. Daher können auch manche Menschen ohne je zuvor einen Kontakt mit einer solchen Qualle gehabt zu haben, eine allergische Reaktion bekommen.

Maßnahmen
Die Nesselzellen sollten mit Alkohol, Essig, Zitronensaft oder mit anderen säurehaltigen Flüssigkeiten (verdünnter Ammoniaklösung, Natriumcarbonat, Magnesiumsulfat) überspült werden. Die Nesseln sollten nicht abgerieben werden, da es zu einem weiteren Platzen von Nesselkörpern

Erste Hilfe mit Mittelmeer-Hausmittel: Sukkulente „garra de león" - Blätter aufschneiden und auf genesselte Stellen legen!

kommen kann und somit weiter Nesselgift in die Haut gelangt, was die Symptome nur verschlimmern würde. Die Tentakeln sollten, nachdem sie getrocknet sind, vorsichtig, aber mit einem schnellen Ruck entfernt werden. Eine lokale Betäubung (Lidocain) ist empfehlenswert, genauso die Gabe von starken Schmerzmitteln (Opiaten).

Bei einer starken anaphylaktischen Reaktion wird Cortison, bei einem anaphylaktischen Schock Adrenalin und rasche Volumensubstitution empfohlen.

In leichteren Fällen können „Allergiemittel" (Antihistaminika) eingenommen werden. Die Wunde sollte gut desinfiziert und trocken verbunden werden. Gegebenenfalls kann lokale Sulfadizin-Silber-Creme aufgetragen und ein Gazeverband angelegt werden (ein- bis zweimaliger Verbandwechsel pro Tag). Bei Gewebszerfall muss ein chirurgischer Eingriff erfolgen.

Borstenwürmer, Ringelwürmer, Seeanemonen, Schwämme und Seegurken

Einige Ringelwürmer, Seegurken, Seesterne, Seeanemonen, Weichtiere und Schwämme verursachen nach Kontakt mit der Haut Brennen, Juckreiz, Schmerzen und Schwellungen. Die Symptome bleiben meist nicht lange bestehen. Je öfter jedoch es zu einem Kontakt mit einem solchen Tier kommt, desto heftiger werden die Reaktionen.

Diese Tiere enthalten ebenso wie Quallen Nesselgifte zur

Name:	**Borstenwürmer, Ringelwürmer**
Bezeichnung:	Polychaeta
Synonym:	Feuerwurm
Größe:	bis 20cm
Verbreitung:	alle Meere
Gift:	Stiche feiner Borsten mit Hautreaktionen und ggf. allergische Reaktionen

Die feinen Stacheln des Borstenwurms - hier auf einem Schwamm - bereiten nach Hautkontakt zahlreiche Probleme!

Feindesabwehr oder zur Jagd nach Beute. Die **Seegurke** kann zum Beispiel ihr Inneres nach außen stülpen, so dass der Angreifer mit dem nesselgifthaltigen Schleim aus dem Magen-Darm-Trakt der Seegurke in Berührung kommt. Dieser Schleim haftet der Haut gut an und lässt sich nur schwer abwischen. Auch Seeanemonen mit ihrem grazilen Aussehen besitzen Nesselgifte. Einige Fische, wie der Clownfisch, besitzen eine Schleimschicht, die das Nesselgift neutralisiert.

Name:	**Seegurke**
Bezeichnung:	Holothuribidae
Synonym:	Seewalze
Größe:	bis 40cm
Verbreitung:	sämtliche Meere, vor allem in ufernahen Bereichen
Gift:	Nesselgift mit Hautreaktionen und ggf. allergische Reaktionen, Vergiftung bei Verzehr ist möglich

Name:	**Seeanemone**
Bezeichnung:	Actinaria
Synonyme	Aktinie, Seerose, Seenelke, Seedahlie
Größe:	bis 20cm
Verbreitung:	sämtliche Meere, vor allem in ufernahen Bereichen
Gift:	Nesselgift mit Hautreaktionen und ggf. mit allergischen Reaktionen

Maßnahmen
Die Hautreaktionen können mit antiallergischen, juckreizhemmenden Gels (z. B. Fenestil Gel, Tavegil Gel) gemindert werden. Bei schwerwiegenderen Symptomen sollte Cortison verwendet werden.

Nesselgefahr: Wer die Tentakel einer Seeanemone berührt, spürt die Verteidigungswaffe dieses Niederen Tiers!

Name:	**Feuerkoralle**
Bezeichnung:	Millepora
Größe:	bis über 1m hohe Stöcke
Verbreitung:	Tropische Riffe in Tiefen von 0-50m
Gift:	Nesselgift
Verletzung:	Schnittverletzungen mit Infektion, Schock

Korallen

Viele Korallen besitzen ebenso wie die Quallen Nesselzellen. Wie auch bei ihnen gibt es Unterschiede in der Giftigkeit. Vor allem die **Feuerkoralle** kann heftige Reaktionen hervorrufen. Diese können von lokalen Schwellungen bis hin zum Kreislaufkollaps reichen. Besonders gefährlich wird es,

Äste von Feuerkorallen (hier im Roten Meer) sind leicht an den hellen Spitzen zu erkennen - Nicht berühren!

wenn zu dem Kontakt noch eine Verletzung durch die Koralle hinzukommt. Durch die Verletzung kommt das Gift direkt in die Blutbahn und kann somit leicht eine starke anaphylaktische Reaktion hervorrufen.

Meist jedoch stehen Schnittverletzungen durch Korallen im Vordergrund. Direkt nach der Verletzung sieht man nur einen Schnitt an der Haut. Nach wenigen Stunden, besonders wenn die Wunde mit Wasser in Kontakt kommt, sieht man eine diskrete Rötung in diesen Bereich. Innerhalb der nächsten Tage ist der gesamte Bereich angeschwollen und gerötet.

Maßnahmen
Die Wunde sollte gründlich gereinigt und Fremdmaterial aus ihr entfernt werden. Als Infektionsprophylaxe kann eine lokale Antibiotikasalbe angewendet werden. Der Juckreiz kann durch zusätzliche Einnahme von Calcium (3x1 Brausetablette täglich) und einer gewöhnlichen Salbe wie gegen Juckreiz bei Mückenstichen gelindert werden.

Kegelschnecken

Die Kegelschnecken können an ihrer dicken Seite einen Stachel aus ihrem Inneren ausfahren und wie ein Skorpion zustechen. Schnorchler und Taucher, aber auch Strandwanderer,

Name:	**Kegelschnecke**
Bezeichnung:	Conidae
Synonyme:	Giftzüngler, Konusschnecke
Größe:	3cm bis 15cm
Verbreitung:	Indopazifik, Westafrika, Mittelmeer, Ostatlantik
Gift:	Conotoxin (Neurotoxin, Wirkung ählnich Curare)
Vergiftung:	Lähmungserscheinungen, Muskelschmerzen, Muskelschwäche

Oft tödlich: Die Konusschnecke mit ausgestrecktem Atemsiphon ist mit Rüssel und ihrem Giftzahn schussbereit!

sollten sich davor hüten, scheinbar „leere" Schnecken vom Untergrund aufzuheben, da sich die Schnecken weit in ihr Gehäuse zurückziehen können. Somit sieht man es dem Schneckengehäuse nicht an, ob es bewohnt ist oder nicht.
In ca. 25 Prozent der Fälle verlaufen Verletzungen tödlich! Die Kegelschnecken halten sich häufig in flachen Gewässern auf. In der Größe variieren sie von 2 bis 10cm. Wie der Name schon sagt, ist ihr Aufbau kegelförmig. Ihr Gift (Conotoxin) wirkt auf die Übertragungsstelle der Nervenzellen (postsynaptische Membran) der Skelettmuskulatur. Dies führt zu Lähmungen mit oder ohne muskuläre Schmerzen (Myalgie).
Die ersten **Symptome** treten nach ca. 10 Minuten auf. Die ersten Zeichen beginnen meist im Mund- und Lippenbereich

und setzten sich dann über den ganzen Körper fort. In der milden Form können sich die Lähmungen in allgemeiner Muskelschwäche äußern. Bei schweren Verläufen kommt es zu einer kompletten Lähmung des gesamten Körpers mit Atemlähmung. Durch die Atemlähmung und den daraus resultierenden Sauerstoffmangel verfärben sich vor allem Lippen und Fingernägel blau. Der Patient hat zwar einen Atemanreiz, kann aber durch die Lähmung der Atemmuskulatur und des Zwerchfells den Atemanreiz nicht umsetzen. Innerhalb von 24 Stunden bilden sich die Symptome vollständig zurück. Die neurologischen Symptome und die lokale Reaktion an der Einstichstelle können jedoch über viele weitere Wochen bestehen.

Maßnahmen
Die Wunde sollte sofort mit heißen Kompressen (bis ca. 45 °C) bedeckt werden. Durch die Kompression der großen Blutgefäße der betroffenen Extremität lässt sich eine Ausbreitung des Giftes im gesamten Körper reduzieren. Durch stetiges Wechseln der Kompressen wird eine gleichmäßig hohe Temperatur erreicht. Durch die hohen Temperaturen wird das Tiergift, das auf einer Proteinbasis besteht, denaturiert. Ist keine Lähmung vorhanden, sollte der Patient nur ruhig gelagert werden. Besteht eine Lähmung, muss der Patient künstlich beatmet werden. Eine Mund-zu-Mund-Beatmung, die teilweise über Stunden durchgeführt werden muss, kann der betreffenden Person das Leben retten. Diese sollte so lange durchgeführt werden, bis eine Behandlung in einer medizinischen Einrichtung erfolgen kann. Eine Herzdruckmassage muss nur bei Kreislaufstillstand durchgeführt werden.

„Mördermuscheln"

Die **Riesenvenusmuschel (Tridacna gigas)** wird von Vielen als "Mördermuschel" bezeichnet und gehört zu den Austern- und Kammmuscheln. Sie ist das größte zweischalige Lebewesen, das jemals gelebt hat und findet sich in den warmen

Name:	**Riesenvenusmuschel**
Bezeichnung:	Tridacna gigas
Synonym:	Mördermuschel
Größe:	Durchmesser 30cm bis über 1m
Verbreitung:	Australien, Mikronesien, südliche japanische Inseln
Gefahr:	Einklemmen und Festhalten von arglosen Wassersportlern

Gewässern vor Australien, den mikronesischen Inseln und den südlichen japanischen Inseln. Weitere Venusmuscheln findet man in sämtlichen warmen Gewässern der Welt. Jedoch sind diese wesentlich kleiner. Die Riesenvenusmuschel kann bis zu einem Meter lang werden und ein Gewicht von bis zu 430kg erreichen. Begehrt als Souvenir und wegen ihres schmackhaften Fleisches wurden sie nahezu ausgerottet. In Australien begann man sie zu züchten und langsam wieder in ihren natürlichen Lebensraum einzugliedern.

Ihren Namen tragen sie jedoch zu unrecht. Gerade die großen Exemplare schließen sich nur langsam, da sie größere Wassermassen verdrängen müssen. Zum überwiegenden Teil besteht bei den großen Exemplaren die Möglichkeit, selbst bei geschlossenem Zustand der Muschel einen Gegenstand in der Größe eines Armes ohne Probleme herauszuziehen. Der Grund dafür ist, dass sich in diesem Zustand im Spalt zwischen den Schalen das weiche Muschelfleisch befindet. Je kleiner die Muschel ist, desto kleiner ist auch der Spalt zwischen den Schalen.

Daher sind eigentlich die kleineren Exemplare für den Schwimmer, Schnorchler oder Taucher „gefährlicher". Sollte jemand von einer Venusmuschel festgehalten werden und ist die Muschel mit dem Untergrund fest verhaftet, kann dies natürlich fatale Folgen haben. Jedoch ist die Wahrscheinlichkeit, dass so etwas passiert, mehr als unwahrscheinlich. Somit müssen die Geschichten der frühen Taucherei über die Mördermuscheln den Legenden der Seeungeheuer zugeordnet werden.

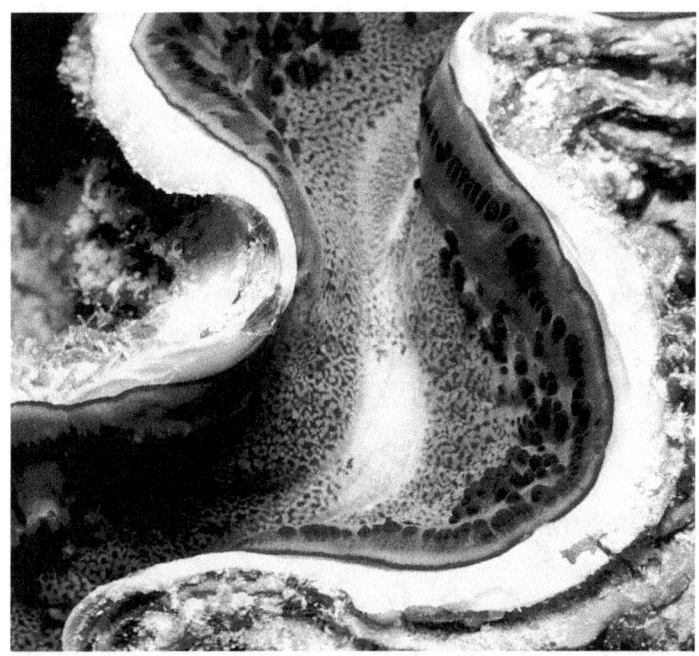

Meist harmlos: Die „Mördermuschel" kann ihre Schalenhälften meist nur langsam schließen (Riff vor Safaga, Rotes Meer).

Blauring-Oktopus

Der blaugepunktete Oktopus oder Blauring-Oktopus (Hapalochlaena maculosa) lebt vor den Küsten Australiens und im indopazifischen Raum. Er hält sich im ufernahen Gebiet in 0-10m Tiefe auf. Man findet ihn in Tümpeln des Riffs, in Ritzen und Muscheln. Er ist gelb-braun gefärbt, hat an seinen Tentakeln eine ringförmige Zeichnung und ist etwa nur 2-20cm groß. Die Ringe werden bei Stress und beim Füttern intensiv blau. Sein Toxin (Maculotoxin) ist giftiger als alle bekannten Toxine von Landlebewesen.

Sein Gift hat ähnliche Effekte wie neurotoxisch und neuromuskulär wirksame Substanzen wie zum Beispiel das Tetrodotoxin aus der Galle des Kugelfisches, der in Japan eine begehrte Delikatesse ist. Der Biss des Oktopusses

Name:	**Blauring-Oktopus**
Bezeichnung:	Hapalochlaena maculosa
Synonym:	Blaugefleckte Krake, Blaugepunkteter Oktopus
Größe:	bis 20cm
Verbreitung:	Great Barrier Reef, Nord-Australien, Neuguinea, Salomonen bis Philippinen
Gift:	Maculotoxin
Vergiftung:	Rasch einsetzende Lähmung innerhalb von 30min

ist nicht schmerzhaft und wird deswegen oftmals nicht sofort wahrgenommen. Die ca. 1cm große Biss-Stelle schwillt innerhalb von 15 Minuten an, blutet ein, und es

Faustgroß, hübsch und äußerst schnell tödlich: Ein Blauring-Oktopus ist in keinem Fall ein guter Spielkamerad!

bildet sich eine Blutblase. Daraufhin setzt nach wenigen Minuten eine Lähmung ein. Anfangs kann es zu abnormen Gefühlsempfindungen im Bereich des Mundes, Halses und des Kopfes kommen. Doppelbilder, verwaschene Sprache, Übelkeit und Erbrechen können folgen. Danach kommt es zu einer rasch einsetzenden Atemnot, Erweiterung der Pupillen (Mydriasis) und fortschreitenden Lähmung des gesamten Körpers. Die Lähmung hält 4 - 12 Stunden an. Auch andere Oktopusarten besitzen im Schnabelbereich Giftdrüsen. Dieses Gift ist jedoch wesentlich schwächer und ruft nur lokale Reaktionen hervor.

Maßnahmen
Angesichts der enormen Giftigkeit muss man, wenn man von einem blaugepunkteten Oktopus gebissen wird, schnellstmöglich in ein Krankenhaus gelangen. Vor dem Einsetzen der Lähmung kann man an der Biss-Stelle einen Druckverband anlegen, der die weitere Resorption des Gifts in die Gefäße reduziert. Durch die Kompression der großen Blutgefäße der betroffenen Extremität lässt sich eine Ausbreitung des Giftes im gesamten Körper reduzieren. Die Erhaltung der Atmung durch künstliche Beatmung bis zum Eintreffen ärztlicher Versorgung ist unter Umständen lebensrettend. Lokale Betäubung mindert die Schmerzen. Die Gabe von Antihistaminika und Cortison ist bei allergischer Reaktion indiziert.

Name:	**Seeigel**
Bezeichnung:	Europäische (Arbarciidae, Diademadae, Echinidae, Toxopneustidae) und Tropische Seeigel (Diadematidae, Echinidae, Toxopneustidae) verschiedener Gattungen
Synonym:	Stachelhäuter
Größe:	bis ca. 30cm Durchmesser mit Stacheln
Verbreitung:	sämtliche Meere
Gift:	in die Haut eindringende, leicht abrechende Stacheln, die zu Wundinfektionen führen, seltener auch Giftstacheln und –zangen

Fast unsichtbare Stacheln: Dieser Violette Seeigel tarnt sich sehr geschickt mit den Algen des Mittelmeers.

Seeigel

Die meisten **Seeigel** finden sich im Uferbereich. Etwa 14 Prozent der Seeigel sind giftig. Starke Vergiftungserscheinungen sind jedoch selten. Charakteristisch sind ihre mehr oder weniger dicken Stacheln, die einem unvorsichtigen Schnorchler, Taucher oder Badenden schmerzhafte Verletzungen zufügen können. Die dünnen Stacheln dringen leicht in die Haut ein und brechen dort ab. Teile des Stachels verbleiben somit in der Wunde. Meist handelt es sich um harmlose, aber lästige Verletzungen durch die abgebrochenen Stachel. Teilweise lösen sich die Stachel von selbst auf.

Maßnahmen
Wenn Stacheln in der Wunde verbleiben, sollten sie

weitestgehend entfernt werden. Vor der Entfernung der Stacheln empfiehlt es sich, den betroffenen Bereich mit warmem Seifenwasser einzuweichen. Diese Maßnahme gilt jedoch nur für den Anfangszeitraum. Die Stacheln lassen sich dann besser aus der Haut herausholen, da die Haut aufgeweicht wird und sich lockert. Die Seife gibt dem Wasser ein leicht alkalisches Milieu und verhindert, dass der kalkhaltige Stachel nicht durch etwaige Säurezusätze der Haut, des Wassers oder durch körpereigene Reaktionen im Wundbereich zersetzt wird.

Fische

Giftfische

Eine Reihe von Fischen, besonders in den tropischen Meeren, sind giftig. In ihren Stacheln ist das Gift gespeichert. Mit dem Wissen um ihre Giftigkeit brauchen sie keine Feinde zu fürchten.
Meist sind die Kontakte von Menschen mit ihren Giftstacheln zufällig. Giftfische halten sich oft im flachen Wasser auf. Manche Arten, wie zum Beispiel die äußerst giftigen Skorpion- und Steinfische, sind sehr gut getarnt und werden leicht beim Blick durch die Tauchmaske mit einem Stück Koralle oder einem Stein verwechselt.
Der **Steinfisch** hat runde Form und kann bis zu 30cm groß werden. In seinen 13 Rückenflossen befindet sich das Gift. Das Gift eines Stachels reicht aus, ein ausgewachsenes Pferd zu töten. Die Haut des Fisches kann sich in Farbe und Oberflächenbeschaffenheit dem Untergrund anpassen. Zudem besitzt die Haut eine Schleimschicht, an denen Algen, Korallenstückchen, Steine und anderes haften bleiben. Somit ist die Tarnung perfekt. Oft kann man nur die Augen und das wie ein nach unten geöffnetes "U" aussehende Maul erkennen. Der Steinfisch ist einer der giftigsten Fische der Meere. Anscheinend weiß er das auch! Wenn man in seine Nähe kommt oder ihn mit einen Gegenstand berührt, macht er keine Anstalten zu fliehen. Wenn man ihn jedoch einmal schwimmen sieht, wird man bemerken

Name:	**Steinfisch**
Bezeichnung:	Synancieda (Synanceja verrucosa bzw. trachynis)
Synonym:	Teufelsfisch
Größe:	bis 30cm
Verbreitung:	sämtliche tropische Riffe, O bis 50m Tiefe, meist aber im Flachwasser, auch in Gezeitentümpeln
Gift:	Steinfischgift
Vergiftung:	Starke Schmerzen, Lähmungen, Herz-Kreislaufversagen, starke Gewebszerstörung

können, dass das recht unbeholfen wirkt.

Ein enger Verwandter des Steinfisches ist der **Skorpionfisch**. Auch er ist ein Tarnungskünstler. Seine Form ist jedoch länglicher, und er kann gut und schnell schwimmen. Wenn er schwimmt, sieht man seine orange-rot leuchtenden

Name:	**Skorpionfisch**
Bezeichnung:	Scorpaenidae
Synonym:	Drachenkopf in Nord-/Ostsee, Große Meersau
Größe:	bis 40cm, Drachenkopf bis 20cm
Verbreitung:	Mittelmeer, östlicher Atlantik
Gift:	Stacheln an Rücken-, Kopf- und Bauchseite
Vergiftung:	Starke Schmerzen, Schwellungen, eingeschränkte Bewegungsfreiheit

Bild: Gift-Rekordler im Tarnkleid: Der Steinfisch, bewachsen von Algen, Niederen Tieren, zeigt nur noch Augen und Maul.

Name:	**Feuerfisch**
Bezeichnung:	Pterois
Synonym:	Lionfish (engl.)
Größe:	bis 40cm
Verbreitung:	sämtliche tropische Riffe, 0m bis 50m Tiefe
Gift:	Starkes Eiweißgift
Vergiftung:	Starke Schmerzen, Lähmungen, Gewebszerstörungen, Atembeschwerden, Fieber

Brustflossen. Er schwimmt aber meist nur zu seinem eigenen Schutz weg und ist nicht aggressiv. Stein- und Skorpionfische liegen flach auf Korallen, Steinen oder graben sich im sandigen Untergrund ein.

Ein weiterer Verwandter ist der **Rotfeuerfisch**. Durch seine rotweiße Streifung und seine prächtig ausladenden Brustflossen ist er leicht zu erkennen. Er schwebt oft hinter Korallenblöcken. Steinfische, Skorpionfische und Rotfeuerfische findet man in tropischen Gewässern.

Der Drachenkopf und das Petermännchen sind in gemäßigten Meeren anzutreffen. Das **Petermännchen** liegt im flachen Uferbereich am Grund. Wird es gereizt oder fühlt es sich bedroht, greift es an! Das Petermännchen schwimmt mit den Rückenflossen zum "Feind" gerichtet an dem vermeintlichen Angreifer entlang und sticht ihn mit seinen Rückenflossen.

Der **Drachenkopf** liegt meist regungslos auf dem Meeresgrund. Er ist hauptsächlich an felsigen Küsten und auf steinigem Grund im Uferbereich anzutreffen. Teilweise ist man beim Schnorcheln richtig erstaunt, wie viele Drachenköpfe sich

Warnung an Taucher: Mit gespreizten Brustflossen kommt dieser Rotfeuerfisch aus Richtung der Wasseroberfläche.

Familienplanung: Drachenkopf liegt auf seinem Laich an den Felsen vor Bornholm in der Ostsee, Dänemark.

auf dem Grund befinden, über den man schon oft zum Baden gelaufen ist. Auch dieses Tier weicht lieber aus, als dass es angreift.

Der giftigste Fisch ist der Steinfisch. Weniger giftig sind Skorpionfische, Rotfeuerfische, gefolgt von Petermännchen

Name:	**Petermännchen**
Bezeichnung:	Trachinidae
Synonym:	Queise, Weberfisch, Drachenfisch
Größe:	30cm bis max. 50cm
Verbreitung:	Nord- und Ostsee, Mittelmeer, Atlantik
Gift:	Eiweißgift
Vergiftung:	Starke Schmerzen, evtl. Bewußtlosigkeit, Lähmungen, Schwellung, Gefühllosigkeit

und Drachenköpfen. Entsprechend der Giftigkeit prägen sich auch die **Symptome** aus. Stiche von Giftfischen sind äußerst schmerzhaft. Der Schmerz setzt sofort ein, steigert sich die nächsten 10 Minuten und strahlt entlang der Lymphbahnen aus. Eine mangelhafte Blutversorgung mit Weißverfärbung der Haut im Bereich der Wunde und eine starke Schwellung bilden sich aus. Es kommt zu starker Schweißbildung, Blutdruckabfall (Hypotension), Bewusstlosigkeit, Fieber, Schüttelfrost und Erschöpfung.

Bei Steinfischen bilden sich zudem Lähmungserscheinungen, Herzarythmien und Kreislaufversagen aus. Die Einschränkung der Atemfunktion resultiert aus der Wassereinlagerung in der Lunge und der Unterdrückung des Atemzentrums im Gehirn. Die Wundheilung bei Giftfisch-Verletzungen kann sich über Monate hinziehen. Die Stichstelle nekrotisiert oft und besteht unter Umständen auch monatelang. Ein Absterben des Gewebes

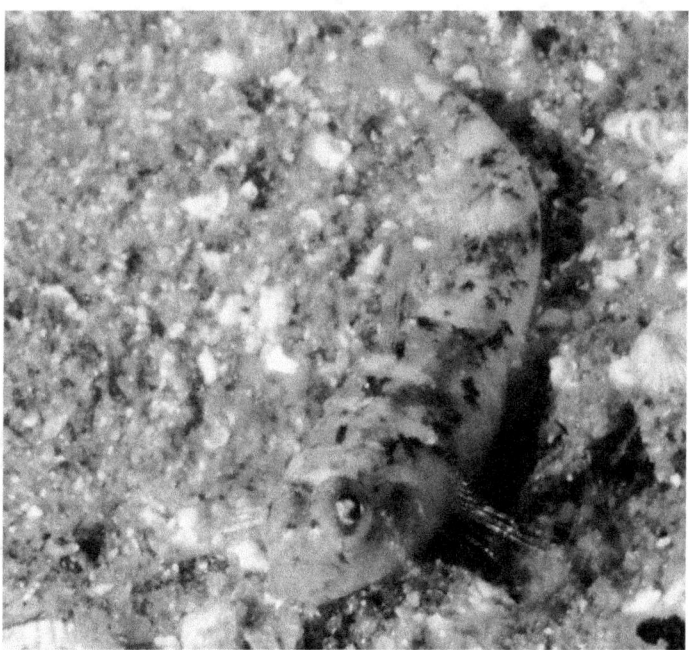

Petermännchen „verbuddeln" sich gern im Sand. Dann bleiben - bei ihrer Tarnfarbe - kaum mehr als die Augen sichtbar.

kann sogar zur Amputation des betroffenen Gliedes führen.

Maßnahmen
Auf die Stichstelle sollten für etwa 30 bis 90 Minuten heißes Wasser oder Kompressen, mit einer Temperatur bis zu 45°C, gegeben werden. Wichtig dabei ist, dass so schnell wie möglich die Behandlung mit heißem Wasser oder Kompressen durchgeführt wird, damit das Gift denaturiert wird. Durch Abdrücken großer Gefäße der Gliedmaßen kann eine schnelle Ausbreitung des Gifts im gesamten Körper verhindert werden. Innerhalb der ersten 15 Minuten bringen die Gabe von Schmerzmitteln (Butylscopolamin, Paracetamol/Buscopan und Thiethylperazin/Torecan) eine Linderung der Symptome. Zur Schmerzlinderung kann eine lokale Betäubung durchgeführt werden. Wenn vorhanden, kann bei Steinfisch-Verletzungen Steinfischantidot verabreicht werden.

Um einer Giftfischverletzung vorzubeugen, sollte man gerade in tropischen Gewässern nicht barfuß durch den flachen Uferbereich waten und unter Wasser Boden- bzw. Korallenkontakt vermeiden.

Drückerfische

Drückerfische sind in sämtlichen tropischen Gewässern beheimatet. Meistens sind diese Riffbewohner harmlos. Wenn die Laichzeit der Drückerfische beginnt, werden sie jedoch

Name:	**Drückerfisch**
Bezeichnung:	Balistidae
Synonym:	Triggerfish (engl.)
Größe:	bis 50cm
Verbreitung:	alle tropischen Riffe, Tiefe 0 bis 50m
Verletzung:	Bissverletzung (nur während der Laichzeit), Schnittwunden durch Dornen
Vergiftung:	Giftaufnahme durch Essen (Ciguatera-Toxin)

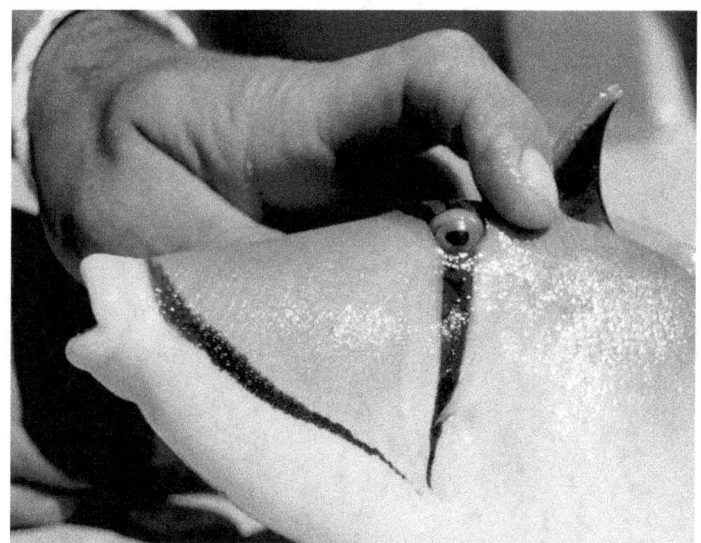

Die Hand eines Fischers hält diesen geangelten Rotmeer-Picassodrückerfisch an seinem ausgestelltem Dorn fest.

aggressiv. Sie verteidigen ihr Laichgelege und jeder der ihrer Brut zu nahe kommt, wird attackiert. Sie haben einen kräftigen Kiefer mit scharfen Frontzähnen. Je nach Größe des Drückerfisches können bis zu einem Zweieurostück große Bissverletzungen zugefügt werden. Die Gelege erkennt man oftmals an den trichterförmigen Mulden im Sandboden, in denen sich silberglänzende, runde Gebilde befinden. Die Eier können aber auch auf Korallen abgelegt sein. Sieht man solche Gebilde und einen etwas nervösen Drückerfisch, sollte man lieber einen großen Bogen um diesen Bereich machen

Rochen

Rochen gehören zu den Knorpelfischen und sind mit den Haien eng verwandt. Sie sind weltweit verbreitet. Die **Stachelrochen** finden sich jedoch in den gemäßigteren Regionen der Weltmeere. Manche Arten schwimmen frei und sind stetig auf Wanderschaft, manche graben sich in sandigen Böden

Name:	**Stachelrochen**
Bezeichnung:	Trygonidae/Dasyatidae
Synonym:	Stechrochen
Größe:	bis 3m Durchmesser
Verbreitung:	sämtliche Weltmeere, seltener in kalten Gewässern
Verletzung:	durch Stachel mit Widerhaken am Schwanzende
Vergiftung:	Proteingift

im Uferbereich ein. Die meisten Rochen besitzen einen oder mehrere Giftstacheln an ihrem Schwanzende. Rochen sind friedliebende Tiere. Bei Bedrohung jedoch schwingen sie ihren Schwanz peitschenartig vor und versetzen dem vermeintlichen Angreifer einen Hieb. Schon allein solch ein Peitschenhieb mit dem dornenbesetzten Schwanz kann zu tödlichen Verletzungen führen, wenn der Rumpfbereich oder große Blutgefäße getroffen werden. Durch die Widerhaken am Stachel ist das Ausmaß der Wunde oft erheblich, und es können Teile des Stachels in der Wunde verbleiben. Zudem enthält der Stachel ein Gift. Auch dieses Gift basiert wie bei den Giftfischen auf Proteinen und lässt sich durch heißes Wasser denaturieren. Die Schmerzen durch das Gift setzten sofort ein, wachsen innerhalb der nächsten 1-2 Stunden und lassen nach 6-10 Stunden nach, aber bleiben meist für mehrere Tage bestehen. Allgemeine Symptome wie Übelkeit, Erbrechen, Magen-Darm-Beschwerden und Bewusstlosigkeit können auftreten. Durch das Gift kommt es zu Herzarythmien (AV - Block I. - III. Grades) und starkem Blutdruckabfall. Andere Symptome, wie Unterdrückung der Atemtätigkeit, Husten, Nervosität, Verwirrtheit und Delirium treten gelegentlich auf. Bei Personen mit Herz-Kreislaufbeschwerden kann ein Rochenstich auch

Spielerei mit gewolltem Risiko: Taucher halten einen angefütterten Schwarzpunktrochen fest, Ari-Atoll, Malediven.

Name:	**Zitterrochen**
Bezeichnung:	Torpedinidae
Synonym:	Elektro-Rochen
Größe:	Artenabhängig von 20cm bis 2m Durchmesser
Verbreitung:	alle tropischen und gemäßigten Meere
Verletzung:	Stromschlag bis max. 750 Volt, meist aber unter 220 Volt und bis zu 1 Ampere

tödlich wirken. Gewebszerstörung und eine Infektion der Wunde gesellen sich häufig dazu.

Maßnahmen
Bei unzureichender Behandlung kann die Wunde über Monate bestehen. Die Maßnamen gegen die Giftwirkung entsprechen den Maßnahmen wie bei Giftfischverletzungen (siehe hinten). Die Wunde selbst sollte gründlich gereinigt und desinfiziert werden. Die Desinfektion und der Verbandswechsel sollten täglich erfolgen. Bei stark blutender Wunde ist die Blutstillung vorrangig durchzuführen.

Eine andere Art von Rochen setzt zur Beutejagd und zur Verteidigung elektrische Stromstöße ein. **Zitterrochen** variieren in ihrer Größe je nach Art von 20cm bis zu über einem Meter. Sie haben die Fähigkeit, Spannungen bis zu 750 V zu entladen. Durch ihre Elektroplaques, die mit dem einen Ende an Nervenzellen und mit dem anderen Ende blind enden, können sie pro Einheit 150mV aufbauen. Durch die Summation entsteht die große Spannung. Der Zitterrochen geht nachts jagen und lädt sich tagsüber auf. Bei Kontakt zwischen Mensch und Zitterrochen dienen die Strömstöße meist nur zur Abschreckung, wenn sich der Rochen bedroht fühlt. Die elektrischen Entladungen können aber auch für Menschen gefährlich werden. Erfolgt der Stromstoß in einem bestimmten Abschnitt der Herzerregung, der vulnerablen Phase (ansteigende T-Welle), kann er unter Umständen tödlich verlaufen. Das jedoch ist eher die Ausnahme.

Seeschlangen

Seeschlangen gehören der Familie der Giftnattern an. Sie sind in allen tropischen Meeren rund um die Erde beheimatet. Ihre Temperaturempfindlichkeit begrenzt ihr natürliches Auftreten. Sie tolerieren Wassertemperaturen unter 20°C nicht. Körpertemperaturen über 33°C bis 36°C führen bei den Seeschlangen zum Tode.

Daher halten sich Seeschlagen in den Tropen teilweise auch weit unterhalb der Oberfläche auf. An das salzhaltige Seewasser und die langen Aufenthalte unter Wasser sind die Schlangen gut angepasst. Überschüssiges Salz wird von Drüsen unterhalb der Zunge wieder ausgeschieden. Ihre große Lunge, die den gesamten Körper durchzieht und ihre Fähigkeit Sauerstoffmangel zu tolerieren, ermöglichen ihr lange Tauchgänge. Ihr stark wirksames Gift wird über die Fangzähne des Oberkiefers in das Beutetier injiziert. Ihr Gift ist 2 bis 20mal stärker als das einer Kobra.

Jedoch wird oftmals nur eine geringe Menge des Giftes injiziert. Seeschlangen scheinen einen Regulationsmechanismus zu besitzen, um die Giftmenge zu dosieren. Schließlich zeigen nur ein Viertel der Menschen, die gebissen wurden, Symptome einer Vergiftung.

Die Injektion des Gifts selbst geht ohne starke Symptome einher. Man erkennt eine Bissstelle daran, dass sie 1 bis 20 Eintrittstellen von Zähnen aufweist. Die ersten Symptome

Name:	**Seeschlangen**
Bezeichnung:	Hydrophiidae
Größe:	bis 2m und länger
Verbreitung:	Tropische Meere, von 0 bis 20m Tiefe
Gift:	hitzestabiles Gift (kein Eiweißgift)

zeigen sich nach 30-90 Minuten. Milde Symptome äußern sich in Übelkeit, Erbrechen, Euphorie. Bei stärkeren Vergiftungen kommt es zu Lähmungserscheinungen, die sich über den gesamten Körper ausbreiten können.

Maßnahmen
Das hitzestabile Gift hemmt die Übertragung der Nervenzellen (postsynaptische Membran). Als Erstmaßnahmen sollte die Extremität, an der die Bissstelle ist, ruhiggestellt werden. Um die Ausbreitung des Gifts im Körper einzudämmen, sollten die großen Gefäße der betroffenen Extremität abgedrückt und ein Druckverband über der Wunde angelegt werden. Ein schnellstmöglicher Transport in ein geeignetes Krankenhaus sollte erfolgen, um die lebenswichtigen Funktionen aufrecht zu erhalten, bis die Giftwirkung nachlässt, die Blutveränderung, so weit es geht, aufgefangen ist oder Gegengift gegeben wird.

Raubfische

Haie, Muränen und Barrakudas gehören zu den Raubtieren der Meere. Die Gefährlichkeit für Menschen wird jedoch weit übertrieben. Ein Mensch wird nur angegriffen, wenn er in das Beutemuster passt, wenn er das Tier provoziert oder wenn er das Revier des Hais oder der Muräne verletzt.

Haie

Haie sind durchaus nicht so gefräßig, wie man annimmt. Ein Hai von 2,5m Länge vertilgt etwa 70 Kilogramm Beute pro Jahr. Es gibt jedoch einige Haie, die aggressiver als andere sind. Dazu gehören vor allem der Weiße Hai, der Makohai, der Tigerhai, der Blauhai und der Hammerhai. In einigen Gegenden sind besonders häufig Haifischattacken registriert worden. Vor allem an der Küste vor San Francisco kam es zu solchen Attacken. Aber auch die Küsten vor Florida, Australien und Südafrika

Name:	**Haie**
Bezeichnung:	Selachoidei
Synonym:	Menschenfresser, Räuber der Meere
Größe:	bis 7m, Walhaie (ungefährlich) bis max. 17m, über 250 Hai-Arten sind bekannt
Verbreitung:	sämtliche Meere, besonders gefährliche Gebiete sind tropische Riffe, Australien, Südafrika und Westküste Nordamerikas im Bereich von San Francisco u.a.
Verletzung:	Große Bissverletzung

gehören zu den betroffenen Gegenden. Es handelt sich meist um Gebiete, die von Menschen häufig frequentiert werden, wo viel gesurft wird und um Gebiete, an denen Seehunde heimisch sind. An Stellen, wo Haifütterungen stattfinden, kann es auch ohne Weiteres zu Übergriffen kommen, da sich durch die Fütterung das natürliche Verhalten sowie die Konditionierung bezüglich des Beutemusters ändert und die Scheu vor dem

Kalte Haiblicke sind zwar furchteinflößend, doch der Ruf dieser eleganten Räuber ist schlechter als ihr wahres Verhalten.

Menschen nachlässt. Die meisten Haifischattacken finden paradoxerweise im knietiefen Wasser statt. Taucher sind weniger gefährdet, da sie nicht unbedingt dem Beuteschema entsprechen. Haie können elektromagnetische Wellen über spezielle Rezeptoren an ihrer Schnauze über mehrere Kilometer hinweg wahrnehmen.

Hektische Bewegungen und Blut lösen bei ihnen einen Beutereiz aus. Schlüsselreize wie eine knallige orange-rote Farbe und silbern-glitzernde Gegenstände sind zudem noch untergeordnete Schlüsselreize. Erst die Summation aller Reize veranlasst einen Hai zum Zubeißen.

Bei den aggressiveren Haien liegt die Reizschwelle niedriger. Bei Riffhaien kann es passieren, dass der Taucher wegen der Größe und Gestalt als vermeintlicher Rivale angesehen wird. Riffhaie haben ein ausgeprägtes Revierverhalten. Dringt man in ihr Revier ein, provoziert man ihr aggressives Verhalten. Ihre Drohgebärde zeigt sich als zackige Schwimmweise mit abgeknicktem Körper.

Dies sollte den Taucher veranlassen, so schnell wie möglich das Revier des Hais zu verlassen. Bleibt man in dem Revier, muss man mit einem Warnbiss des Hais rechnen.

Die Wunden, die Haie verursachen, sind unscharf begrenzte Reißwunden. Die Beute wird mit den Zähnen festgehalten. Durch schnelles Hin- und Herrütteln wird ein Stück herausgerissen. Ihre Zähne sind messerscharf und haben an ihren Kanten kleine Sägeblätter.

Name:	**Muräne**
Bezeichnung:	Muraenidae
Synonym:	fälschlich Meeraal
Größe:	bis 3m
Verbreitung:	sämtliche Meere, vor allem tropische Meere, Mittelmeer, Atlantik, Pazifik
Verletzung:	Tiefe Bisverletzung mit „Blutvergiftung" durch Mundschleim
Vergiftung:	Cicuatera-Krankheit bei Verzehr möglich

Friedliche Höhlenbewohner: Muränen sind nachtaktive Fische und möchten „zuhause" lieber ungestört bleiben.

Muränen

Muränen sind normalerweise nicht aggressiv. Sie sind zudem extrem kurzsichtig und können ihre Umgebung nur begrenzt wahrnehmen. Sie beißen nur zu, wenn man sie provoziert oder wenn man unbedacht in eine Höhle hineinlangt, in der sich eine Muräne befindet. Sie beißen sich fest, verkeilen sich in ihrer Höhle und lassen oft nicht los. Bei einem größeren Tier kann das durchaus unangenehm sein, da es schwierig sein wird, die Oberfläche zu erreichen. Die meisten Muränen sind nicht, wie vielerorts gedacht, giftig. Zwischen ihren Zähnen können sich jedoch Speisereste befinden, die durch Zersetzung giftig geworden sind.

Barrakudas

Barrakudas rotten sich in jungen Jahren zu Schulen zusammen. Später werden sie Einzeljäger, die über 2 Meter groß werden

Name:	**Barrakudas**
Bezeichnung:	Sphyraena spec.
Synonym:	Pfeilhecht
Größe:	bis 2m
Verbreitung:	sämtliche tropischen Meere
Verletzung:	Bissverletzung
Vergiftung:	Cicuatera-Krankheit bei Verzehr möglich

können. Sie stehen häufig regungslos im Wasser und, bedingt durch ihr Aussehen, werden sie oftmals nicht wahrgenommen. Daher kommen ihre Angriffe oft ganz unerwartet. Sie greifen jedoch erst an, nachdem sie sich ihr Opfer angeschaut haben und es als solches erkannt haben, oder wenn sie sich bedroht fühlen. In Schulen umkreisen sie ihr Opfer, um es zu beobachten. Entspricht es ihrem Beutemuster, greifen sie an. Der Mensch entspricht aber in den meisten Fällen nicht dem Beutemuster. Also keine übermäßige Panik, aber Respekt vor dem Raubtier! Die Wunden, die sie verursachen, sind glatt berandet, da Barrakudas im Gegensatz zu den Haien mit ihren messerscharfen Zähnen Fleischstücke leicht heraustrennen können.

Maßnahmen
Bei den Bissverletzungen kann es neben Organverletzungen zu großen Blutverlusten kommen. Die Folgen des Blutverlustes sind ein hypovolämischer Schock oder Tod durch Verbluten. Blutverluste über 3 Liter sind tödlich. Jedoch reicht schon alleine ein Angriff mit Bissverletzungen aus, um einen Schock auszulösen. Der Betroffenen sollte geborgen werden. Durch einen Druckverband und Abdrücken der großen Blutgefäße der entsprechenden Extremität lässt sich der Blutverlust verringern. Der Betroffene sollte entsprechend gelagert werden, um die Schockwirkung auf den Körper einzudämmen (auf den Rücken liegend, die Beine im Winkel von 30° angehoben). Bei Bewusstlosen sollte eine stabile Seitenlage

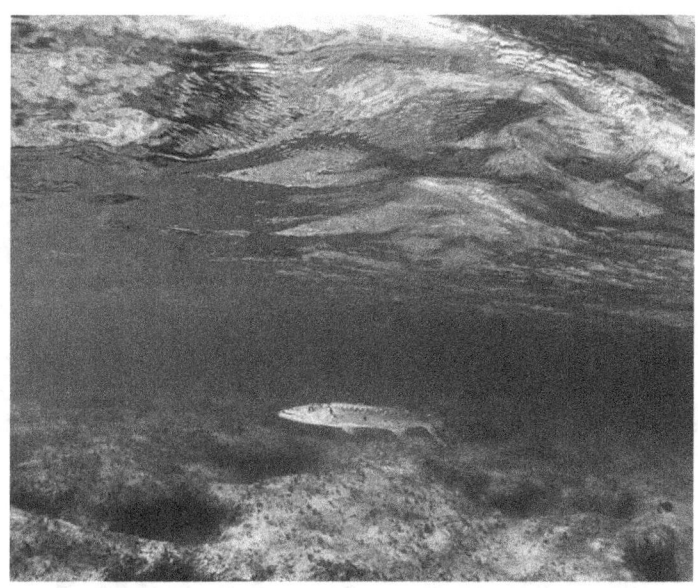

Der Barrakuda beobachtet seine Beute aus Distanz, bleibt für sie kaum sichtbar und schlägt dann blitzschnell zu.

mit Erhöhung der Beine durchgeführt werden. Der Betroffene sollte so schnell wie möglich notärztlich behandelt werden, damit der Blutverlusst ausgeglichen und eine Therapie des Schocks und dessen Folgen durchgeführt werden kann. Bisse von Muränen sind meist nicht so groß. Jedoch infizieren sich diese Bissverletzungen leicht, da oft Essensreste der Muräne, die sich ihren Mundbereich befinden, mit in die Wunde eingebracht werden. Solche Verletzungen können leicht zu einer "Blutvergiftung" führen.

Krokodile/Alligatoren

Krokodile und Alligatoren sind Lebewesen, die sich seit dem Zeitalter der Dinosaurier behauptet haben. In ihren Erscheinungsformen und ihrem Verhalten haben sie sich seit dieser Zeit kaum verändert. Jedoch handelt es sich nicht

Name:	**Krokodile/Alligatoren**
Bezeichnung:	Crocodylus u.a.
Synonym:	Panzerechse
Größe:	Leistenkrodkodil (Crocodylus porosus) bis max. 10m
Verbreitung:	Tropen, Australien, Florida, Südamerika, Asien, Süß- als auch Salzwasser (küstennahe Bereiche); Leistenkrokodile bis über 100km vor den Küsten
Verletzung:	Bissverletzung

um „dumme" Dinosaurier, sondern um hochdifferenzierte Lebewesen mit relativ großen Gehirnen, gemessen an den Körpergrößen. Sie haben einerseits ausgefeilte Jagdtechniken, andererseits ausgeprägte Sozialverhalten in der Aufzucht des Nachwuchses. Bei vielen Arten finden die Jungtiere Schutz im Maul des Muttertiers. Krokodile und Alligatoren sind Kaltblüter, das heißt sie benötigen die Wärme von Außen,

Diesem Maul nicht zu nahe! Reptilien sind Kurzstreckenläufer und auf allen geringen Distanzen unglaublich schnell!

um die Körpertemperatur aufrecht zu erhalten. Die Reptilien finden sich im Norden Australiens, im tropischen Bereich des asiatischen Raumes, Papua Neuguinea, Afrika, Süd- und Mittelamerika, Florida. In ihrer Größe variieren sie je nach Art. Kleinere Arten messen gerade einen Meter, wobei die größten Arten über 5 Meter erreichen. Die meisten Tiere findet man in Süßwassern, in denen sie regungslos liegen, oder auf Sandbänken, wo sie sich sonnen. Einige Arten in Australien, Papua-Neuguinea und Amerika halten sich im küstennahen Salzwasser auf. Die Jäger können blitzschnell aus vollständiger Ruhe auf die Beute zuschnellen und es mit ihrem kräftigen Maul töten. Über kurze Strecken kann ein ausgewachsenes Tier eine Geschwindigkeit von etwa 50 km/h erreichen. Greift es an, kommt es zu schweren, oftmals tödlichen Verletzungen. Die beste Art Verletzungen zu vermeiden ist es, die Reptilien weiträumig zu umgehen. Warnhinweise der einheimischen Bevölkerung oder Warnschilder sollten daher dringlichst ernst genommen werden. Bei Verletzung sollte der Patient so rasch wie möglich ins Krankenhaus gelangen, um die Wunde zu behandeln. Diese hat oft tiefe Fleisch- und Knochenzerstörungen, was zu großem Blutverlust führt. Am Unfallort sollte durch einen Druckverband und durch Abdrücken der großen zuführenden Blutgefäße der Blutverlust so gering wie möglich gehalten werden.

Verzehr von Meerestieren

Muscheln

In **Venus- und Miesmuscheln** können sich Planktongifte wie **Saxitoxin, Brevetoxin und Okadainsäure** anreichern. Saxitoxin wird von einer bestimmten Algenart produziert, die weltweit vorkommt. Diese Algenart wird von Muscheln und anderen Meereslebewesen aufgenommen und angereichert. Saxitoxin ist ein sehr starkes Gift, das die Natrium - Kaliumkanäle blockiert. Es gibt verschiedenartige Formen,

Name:	**Venus- und Miesmuscheln u.a.**
Bezeichnung:	Saxidomus nutalli und Mytilus edulis u.a.
Größe:	bis 10cm
Verbreitung:	Nord- und Ostsee, Mittelmeer, Atlantik, Pazifik
Gift:	Saxitoxin, Brevetoxin, Okadainsäure
Vergiftung:	Hauterscheinungen, Übelkeit, Erbrechen bis hin zu Lähmungserscheinungen, Auftreten der Symptome schon kurz nach dem Verzehr

Eine einzige Miesmuschel filtriert etwa 70 Liter Wasser pro Tag. Das macht ihren Standort für das Essen wichtig!

Ciguatera-Gefahr: Wer unbedingt einen Kugelfisch essen will, braucht als Koch einen echten Experten!

Name:	**Igel-, Kugel- und Kofferfische**
Bezeichnung:	Diodontidae, Tetraodontidae und Ostracionidae
Synonym:	Korallenfisch, Ballonfisch, Pufferfisch u.a.
Größe:	bis 50cm
Verbreitung:	sämtliche tropischen Gewässer mit Korallenriffen
Gift:	Tetrodotoxin
Vergiftung:	Durch Verzehr bei unsachgemäßer Zubereitung (auf lizensierte Köche achten)

wie sich eine solche Vergiftung äußert. Milde Formen zeigen sich mit Zeichen der Haut (Rötung , Schwellung, Hautjucken, Hitzegefühl) und Allgemeinsymptomen (Durchfall, Erbrechen., Übelkeit). Schwere Verläufe äußern sich mit Lähmungserscheinungen. Maßgeblich bei diesen Vergiftungen ist, dass sie recht bald nach dem Verzehr auftreten. Je stärker die Vergiftung, desto eher zeigen sich die Symptome. So lange wie das Gift im Körper verweilt und es nicht abgebaut ist, verursacht es die beschriebenen Symptome. In diesem Zeitraum sollte der Betroffene beobachtet werden. Da die Algenblüte in der warmen Jahreszeit stattfindet, sollte der Verzehr von Muscheln nur in den Monaten, die auf die Buchstaben "r" enden, beschränkt werden (alte Bauernregel).

Igel-, Kugel-, Kofferfische

Ähnlich wirken die Vergiftungen durch Verzehr von unsachgemäß **zubereiteten Igel-, Kugel-, und Kofferfischen**. Wird der Fisch bei der Zubereitung schlecht ausgenommen und die Galle verletzt, kommt es durch das **Tetrodotoxin** zu starken Vergiftungen. **Ciguatera** ist ein weiteres Gift, das bei ca. 300 weiteren Fischfamilien (Doktorfische, Papageifische, Drückerfische, Barsche, Barrakudas, Falterfische, Muränen, Schnapper, Straßenkehrer, Lippfische, Makrelen, etc.) in der Leber, den Keimdrüsen und den Eingeweiden vorkommt. Ciguatera ist jedoch weitaus weniger giftig als Tedradotoxoin. Die oben genannten Gifte sind hitzestabil und werden durch Erhitzen nicht zerstört.

Fisch- und Fleischvergiftung

Fleisch- und Fischvergiftungen kommen meist durch den Verderb der Nahrungsmittel durch Bakterien und andere Erreger

Besser bald essen: Wo Fisch und Fleisch zu lange in der Hitze schmoren, greifen Bakterien und Erreger an!

zustande. Die Symptome wie Übelkeit, Erbrechen, Durchfall und Fieber setzen meist nach 2-48 Stunden ein. Die Therapie richtet sich nach der Ausprägung der Symptome und nach ihrer Schwere. Bei den meisten bakteriellen Erregern verwendet man nur in Ausnahmefällen Antibiotika (Cotrimoxazol/Baktrim, Doxycyclin/Vibramycin).

Scombroid
Ein anderes Gift entsteht durch Mithilfe von Bakterien bei bestimmten Fischarten. Zu solchen Fischarten gehören zum Beispiel Makrele und Thunfisch. Werden diese Fische für mehrere Stunden in einer warmen Umgebung gelassen, wird im Fleisch mit Hilfe von Bakterien **Scombroid** gebildet. Dieses Gift vermittelt eine histaminähnliche Reaktion im Körper, wie sie bei Allergien zu finden sind. Es treten Herzrasen, Übelkeit Erbrechen, Durchfall, Hautrötung, Verwirrtheit, Atemnot (Asthma), Juckreiz bis hin zum anaphylaktischen Schock auf. Meist hilft abwarten. Die Hautreaktionen können durch Juckreiz lindernde Gele eingedämmt werden. In schweren Fällen wird eine Magenspülung durchgeführt. Bei Schockzuständen müssen die lebenswichtigen Funktionen wie Atmung und Kreislauf unterstützt werden.

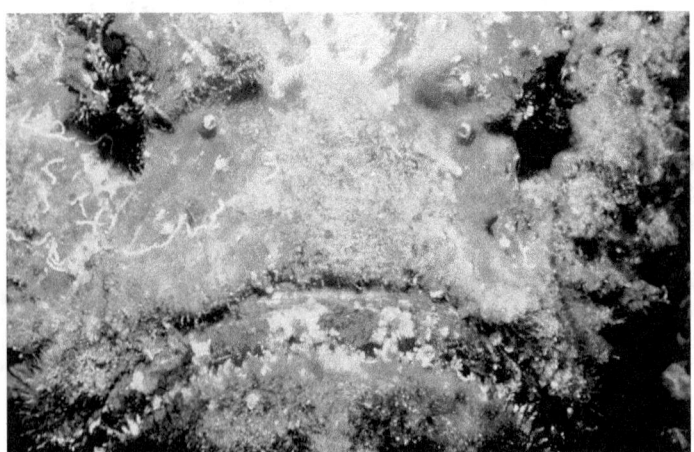

Getarntes Großmaul: Ein Steinfisch lauert oft jahrelang völlig regungslos im Riff auf seine Beute, Rotes Meer.

Maßnahmen bei Nesselgiftkontakt

akut:
- Bergung
- Nesseln abtrocknen lassen (bei box jely fish mit Essig benetzen, danach trocknen lassen) Nesselfäden rasch abziehen - nicht abreiben!
- Schocklagerung

klinisch:
- Antihistaminika (z.B. Clemastin/Tavegil, Dimetinden/Fenistil)
- Schockbekämpfung
- Volumensubstitution
- Cortison iv. (Prednisolon /Decortin H) 125 mg intravenös.
- Adrenalin (Erwachsene 0,1-0,5mg Kinder: 0,01/kg max. 0,5mg/sec. oder intramuskulär.)
- Schmerzbekämpfung
- lokale Betäubung (Lidocain 1% subkutane Injektion)
- Opiate (Morphin iv.)
- Monitoring
- sterile Wundversorgung

Maßnahmen bei Giftfischverletzungen

akut:
- Bergung
- sofortige Anwendung von heißem Wasser (bis 45°C) auf der Stichstelle für ca. 30-90 min
- Abdrücken der großen Gefäße der betroffenen Extremität, Druckverband
- Wiederbelebungsmaßnahmen! ABC (A= Airways, B= Breathing, C= Circulation)

klinisch:
- lokale Betäubung (Lidocain 1-2%, ohne Adrenalinzusatz!)
- Schmerzstillung (Opiate)
- Sicherstellung der vitalen Funktionen
- Monitoring
- Verabreichung von Gegengift

Ciguatera - Symptome und Maßnahmen

Symptome:
- Inkubationszeit 0-12 Stunden (meistens innerhalb von wenigen Minuten)
- Dauer zwischen 6 bis 10 Tagen (teilweise über Monate bis Jahre)
- Taubheit der Extremitäten, Gelenksschmerzen
- Missempfinden im Mundbereich
- Übelkeit, Erbrechen, Durchfall
- Krämpfe, Kopfschmerzen
- Koma, Tod

Therapie:
- Atropin bei Bradycardie
- Vitamin B-Komplex und Vitamin C
- Calcium
- Stabilisierung der Vitalfunktionen

Maßnahmen bei Bissverletzungen

akut:
- Ruhe bewahren und den Betroffenen beruhigen
- Blutstillung durch Druckverband und Abdrücken der zuführenden großen Blutgefäße
- Schocklagerung

klinisch:
- Volumensubstitution
- Primäre Wundversorgung
- Stabilisierung des Kreislaufs und der Atmung
- Schockbekämpfung
- Langfristige Wundversorgung

Symptome bei Muschelvergiftung

Symptome:
- Magen-Darm: Inkubationszeit 10-12 Stunden;
- Durchfall, Erbrechen, Übelkeit
- Haut: Inkubation 2-3 Stunden; Erythem, Hautjucken und Schwellung an Gesicht und Hals, Hitzegefühl, Kopfschmerzen, Konjunktivitis, Glottisödem mit zum Teil erheblichen Atembeschwerden!
- Lähmungen: Inkubationszeit 1-30min; Ausbreitung über den gesamten Körper bis 6 Stunden; Lähmungen am Mund beginnend, dann über den ganzen Körper ausbreitend, Parästhesien, Schwindel, Herzrasen, starker Durst, Dauer 24 Stunden und mehr

Maßnahmen:

akut:
- Umgehend einen Arzt aufsuchen
- Viel trinken

klinisch:
- Stabilisierung der Vitalfunktionen
- Magenspülung

Symptome bei Vergiftung nach Fischverzehr

Symptome:
- Magen-Darm: Inkubationszeit 10-12 Stunden; Durchfall, Erbrechen, Übelkeit
- Haut: Inkubation 2-3 Stunden; Erythem, Hautjucken und Schwellung an Gesicht und Hals, Hitzegefühl, Kopfschmerzen, Konjunktivitis, Glottisödem mit zum Teil erheblichen Atembeschwerden!
- Lähmungen: Inkubationszeit 1-30 Min Ausbreitung über den gesamten Körper bis 6 Stunden; Lähmungen am Mund beginnend über den ganzen Körper ausbreitend, Parästhesien.
- Schwindel, Herzrasen, starker Durst, Dauer 24 Stunden und mehr. Gefahr von Koma und Tod.

Leichtere Vergiftungen: z. B. nach Verzehr von Thunfisch oder Makrele nach Lagerung in warmen Temperaturen, **Gift**: Scombroid **Symptome**: Allergische Reaktionen mit milden Symptomen wie Hautjucken bis hin zum Schock.

Maßnahmen:

akut:
- Umgehend einen Arzt aufsuchen!
- Viel trinken!

klinisch:
- Stabilisierung der Vitalfunktionen
- Magenspülung
- künstliche Beatmung bis zum Abklingen der Lähmungserscheinungen

Wichtige Notfallnummern an Ihrem Urlaubsort:

Name: Tel.

Name: Tel.

Name: Tel.

Wichtige Kontakte am Heimatort für Notfälle:

Name: Tel.

Name: Tel.

Name: Tel.

Wichtige Notizen zum Unfallhergang:

Wann? Datum: Zeit:

Wo?   Ort (z. B. Strand, Tiefe,...):

Wie? Vorfall:

      dabei gesehen:

Was? Verletzung/Vergiftung durch:

      Symptome (mit Uhrzeiten):

Bisherige Maßnahmen (mit Datum, Uhrzeit):

Weitere Bücher von Text & Photo/Fred Dembny:

Abenteuer Schnorcheln!
Wie, Wer, Wo, Wann – Ausrüstung, Risiken,
Tipps und Tricks für spannenden Freizeitspaß!
ISBN 3-8334-1178-3
Bezug über: www.dembny.de/html/d_text_1.html

Tauchreiseführer Puerto Rico
ISBN 3-89594-003-8
Bezug über: www.text-photo.de/html/buecher.html

Vergleichende Untersuchung über das Richtungshören unter und über Wasser
Bd. 4 aus Schwerpunkte der Tauchforschung
ISBN 0178-1699
Infos: http://www.dembny.de und
Deutsche Sporthochschule Köln

Titel: Schnorchlerin beleuchtet Staatsqualle mit langen Tentakel im Mitttelmeer, Griechenland.
Buchrücken: Rückenflosse mit giftigen Stacheln eines Drachenkopfs in der Nordsee.

www.ingramcontent.com/pod-product-compliance
Lightning Source LLC
Chambersburg PA
CBHW050021230526
45470CB00003B/1067